[監修] **本郷 峻**
総合地球環境学研究所 准教授
京都大学白眉センター／アジア・アフリカ地域研究研究科特定講師

講談社の動く図鑑
MOVE
動物
スーパー超クイズ図鑑

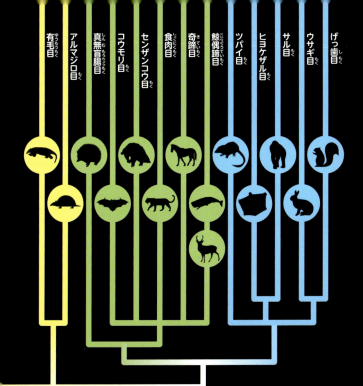

ほ乳類のなかま分け

生きものは、その特ちょうにより、「目」という大きなグループに分類することができます。「目」は、さらに、「科」というグループに分類することができます。ここでは、ほ乳類が、どのように枝分かれして、種類(目)をふやしてきたのかを、図でしめしてみました。図の下のほうで枝が分かれているほど、より古い時代に分かれたなかまであることをしめします。このような図を「系統樹」といいます。

もくじ

講談社の動く図鑑MOVE
動物 超クイズ図鑑

第1章 注目のスゴ技編

- クイズ1 カモノハシが食べものをさがすときのスゴ技は？ ……… 10
- クイズ2 モグラの意外な特技はどれ？ ……… 13
- クイズ3 アカギツネは雪の下のネズミをどんな方法で見つける？ … 15
- クイズ4 キタゾウアザラシの得意技は？ ……… 17
- クイズ5 マメジカがもっている武器はなに？ ……… 19
- クイズ6 キリンのオスどうしはどうやって戦う？ ……… 21
- クイズ7 シロイルカならではの意外な特技って？ ……… 23

第2章 体のひみつ編

- クイズ8 コアラの奥歯が黒いのはなぜ？ ……… 26
- クイズ9 ゾウのおっぱいはどこにある？ ……… 29
- クイズ10 アフリカゾウは鼻をからめてなにをしている？ ……… 31
- クイズ11 ナマケモノが動かなすぎて体に起きることとは？ ……… 33
- クイズ12 モグラの指のひみつはなに？ ……… 35
- クイズ13 オオミナミシタナガコウモリの長い舌は、なんのため？ … 37
- クイズ14 シロヘラコウモリは、なぜ体がまっ白？ ……… 39
- クイズ15 センザンコウのうろこはなにが変化したもの？ ……… 41
- クイズ16 ライオンのオスにあるたてがみの意外な役割とは？ ……… 43
- クイズ17 ネコ科ではめずらしいチーターの体の特ちょうは？ ……… 45
- クイズ18 ユキヒョウの尾はなぜ長い？ ……… 47

- **クイズ19** サーバルのあしが長いのはなぜ？ ……………… 49
- **クイズ20** ヤブイヌのあしが短いのはなぜ？ ……………… 49
- **クイズ21** ホッキョクギツネが平気ですごせる、超過酷な状況は？ … 51
- **クイズ22** フェネックの耳はなぜ大きいの？ ……………… 51
- **クイズ23** ホッキョクグマの肌の色は何色？ ……………… 53
- **クイズ24** マレーグマの首の皮がだぶついているのはなぜ？ … 55
- **クイズ25** パンダがタケやササを前あしでつかめるひみつは？ … 57
- **クイズ26** オコジョの体で、冬でも白くならない部分はどこ？ … 57
- **クイズ27** アシカが鼻にのせたボールを落とさないのはなぜ？ … 59
- **クイズ28** サバンナシマウマのあしの指は何本？ ………… 61
- **クイズ29** ウマの顔が長いのはなぜ？ ……………………… 63
- **クイズ30** サイの角は、体のどこと同じ成分でできている？ … 65
- **クイズ31** ラクダのこぶの中身はなに？ …………………… 67
- **クイズ32** イノシシのあしの指は何本？ …………………… 67
- **クイズ33** キリンの舌は何色？ ……………………………… 67
- **クイズ34** シカ科のなかでトナカイだけの持ちょうはどれ？ … 69
- **クイズ35** アメリカバイソンの背中はなぜ盛り上がっている？ … 71
- **クイズ36** ジェレヌクの首が長いのはなぜ？ ……………… 73
- **クイズ37** インパラのメスの持ちょうは？ ………………… 73
- **クイズ38** カバの皮ふから出る赤い汗のような粘液の役割は？ … 75
- **クイズ39** マッコウクジラの大きな頭の中には、なにが入っている？ … 77
- **クイズ40** イルカの頭にある、果物の名前がついた器官は？ … 79
- **クイズ41** アイアイは細長い中指をなにに使う？ ………… 81
- **クイズ42** アカウアカリの健康チェック法は？ …………… 83
- **クイズ43** ジェフロイクモザルの尾にある持ちょうは？ … 83
- **クイズ44** ニホンザルの尾が短いのはなぜ？ ……………… 85
- **クイズ45** シルバールトンの赤ちゃんは何色？ …………… 87
- **クイズ46** マンドリルの鼻が赤く見えるのはなぜ？ ……… 87
- **クイズ47** ゴリラの頭が盛り上がっているのはなぜ？ …… 89
- **クイズ48** ナキウサギの耳が短いのはなぜ？ ……………… 91

第3章　くらべてみよう編

- クイズ49　アカカンガルーとオオカンガルーの見分け方は？ ……… 94
- クイズ50　ヒョウのもようはどれ？ ……… 97
- クイズ51　イヌのなかまでいちばん大きいのはどれ？ ……… 97
- クイズ52　トラが分布する地域で、いちばん大きな亜種がいるのはどこ？ ……… 99
- クイズ53　アシカにできてアザラシにできないことは？ ……… 101
- クイズ54　イエネコとイリオモテヤマネコの見分け方は？ ……… 103
- クイズ55　バクの子どもの体のもようとそっくりな動物は？ ……… 103
- クイズ56　昼間、明るいところで見るとヤギの黒目の形は？ ……… 103

第4章　進化のふしぎ編

- クイズ57　クジラにちかいなかまはどれ？ ……… 106
- クイズ58　フクロモモンガにちかいなかまはどれ？ ……… 109
- クイズ59　ケープハイラックスにちかいなかまはどれ？ ……… 111

第5章　おもしろ食べもの編

- クイズ60　ミーアキャットの大好物の危険な生きものって？ ……… 114
- クイズ61　ハイエナのなかま、アードウルフの意外な主食は？ ……… 117
- クイズ62　キンカジューの大好物はなに？ ……… 119
- クイズ63　ヘラジカが大好きな食べものは？ ……… 121
- クイズ64　果実が主食のチンパンジーの意外な食べものは？ ……… 123
- クイズ65　ウサギが自分のふんを食べるのはなぜ？ ……… 123
- クイズ66　クマネズミがあまり好きではない食べものは？ ……… 123

第6章　おどろきの行動編

- クイズ67　ワオキツネザルはなにをしている？ ……… 126

- **クイズ68** キタオポッサムが敵に出会ったらどうする？ ……… 129
- **クイズ69** オオアリクイの親が子どもを守る方法は？ ……… 131
- **クイズ70** ナマケモノがねてばかりいるのはなぜ？ ……… 133
- **クイズ71** トガリネズミのなかまの親子のふしぎな行動は？ ……… 135
- **クイズ72** 逆さまにとまっているコウモリ。はいせつの姿勢は？ ……… 135
- **クイズ73** トラが目を閉じ、歯をむきだしているのはなぜ？ ……… 137
- **クイズ74** トラのおしっこの方法は？ ……… 139
- **クイズ75** リカオンが狩りに出発する前にすることは？ ……… 139
- **クイズ76** ラッコはどこでねている？ ……… 141
- **クイズ77** ゴマフアザラシは、なぜ後ろあしを持ち上げている？ ……… 141
- **クイズ78** ズキンアザラシのオスの求愛方法は？ ……… 143
- **クイズ79** ニホンジカがいつも口をもぐもぐしているのはなぜ？ ……… 145
- **クイズ80** スプリングボックが警戒するときにとる行動は？ ……… 145
- **クイズ81** カバが口を大きく開けるのはなぜ？ ……… 147
- **クイズ82** ザトウクジラは海から頭を出してなにをしている？ ……… 147
- **クイズ83** ヤマツパイのおもしろい行動はどれ？ ……… 149
- **クイズ84** スンダスローロリスはどうして動きがゆっくり？ ……… 151
- **クイズ85** 写真のベローシファカはなにをしているところ？ ……… 151
- **クイズ86** スラウェシメガネザルの狩りのときのおもしろい行動は？ ……… 153
- **クイズ87** ミナミブタオザルはどんなことで人の役に立っている？ ……… 153
- **クイズ88** テナガザルのなかまが朝いちばんにすることは？ ……… 153
- **クイズ89** 雨がふるとオランウータンはどうする？ ……… 155
- **クイズ90** 木のあなにたまった水を飲むときにチンパンジーはどうする？ ……… 157
- **クイズ91** この2頭のユキウサギはなにをしている？ ……… 159
- **クイズ92** ひとつの巣あなにタイリクモモンガが何頭もいるのはなぜ？ ……… 161
- **クイズ93** ビーバーの尾の意外な使い方は？ ……… 161

第7章　動物マニア編

- **クイズ94** ハダカデバネズミの群れで、じっさいにいる係は？……164
- **クイズ95** ジュゴンがモデルといわれる伝説は？……167
- **クイズ96** ソレノドンの名前の由来は？……167
- **クイズ97** メキシコオヒキコウモリはなにの世界チャンピオン？……169
- **クイズ98** クロヒョウってどんな動物？……169
- **クイズ99** ハイイロギツネの別名は？……171
- **クイズ100** 日本でヒグマがすんでいる地域はどこ？……171
- **クイズ101** キリンのふんの形は？……173
- **クイズ102** ニルガイという種名はどんな意味？……173
- **クイズ103** ゴールデンライオンタマリンは世界に何頭くらいいる？……173
- **クイズ104** マーモセットのなかまが一度に産む子どもの数は？……175
- **クイズ105** マンドリルの学名の由来になったのはどれ？……175
- **クイズ106** ゴリラのリーダーのオスのよび名は？……177
- **クイズ107** 日本で飼育されているゴリラの種類は？……177
- **クイズ108** オグロプレーリードッグは、なぜドッグという名がついている？……179
- **クイズ109** 台湾にすむクリハラリスが、どうして日本にいる？……181
- **クイズ110** マゼランツコツコツの"ツコツコ"は、なにに由来する？……181

動物の情報

- 🌐 …地球上で生きている範囲（分布域）をあらわします。
- 📏 …体長をあらわします。体長とは、体をまっすぐにのばしたときの、鼻先から尾のつけ根までの長さです。(尾長)とあるものは、尾の長さをあらわします。(全長)とあるものは、体長に尾長を足した長さです。
- 📐 …体高をあらわします。体高とは、4本のあしでまっすぐ立ったときの、地面から肩までの高さです。
- ⏳ …体重をあらわします。
- ◆ …家畜種の原産地をあらわします。

第1章

注目の スゴ技編

クイズ 1
カモノハシが食べものをさがすときのスゴ技はどれ？

単孔目
カモノハシ カモノハシ科
- 🌏 オーストラリア東部、タスマニア島
- 📏 オス／40～63cm、メス／37～55cm
- ⚖ オス／0.8～3kg、メス／0.6～1.7kg

注目のスゴ技編

カモノハシは、水中の獲物をとるときに、ある特しゅな能力を使います。さて、それはなんでしょう？

1. **わずかなにおいも感じる**
2. **電気を感じる**
3. **まっ暗でも見える**

答えは次のページへ ≫

② 電気を感じる

カモノハシのくちばしには、生きものが発する弱い電気を感じることができる器官があります。それによって、視力にたよらず、泥の中にいるザリガニなどを見つけることができます。

視力や嗅覚はあまり敏感ではないんだよ！

注目のスゴ技編

クイズ 2

モグラの意外な特技はどれ？

土の中でくらすモグラのなかま。トンネルをほる以外にも得意なことがあります。それはなんでしょう？

真無盲腸目
ヨーロッパモグラ
モグラ科
- ヨーロッパ
- 11.3〜15.9㎝、(尾長)2.5〜4㎝
- 72〜128g

1 ジャンプ
2 逆立ち
3 水泳

答えは次のページへ ≫

13

鼻先を水面から出して息をしているんだ！

クイズ2 答え ③ 水泳

土をほるときに役立つ、大きな前あしを使って上手に泳ぎます。体には毛がたくさん生えていて水をはじくのでおぼれません。

▲前後のあしをそれぞれ、すばやく動かして泳ぎます。

クイズ3 注目のスゴ技編

アカギツネは、雪の下の見えないネズミをどんな方法で見つけるの？

ネズミはアカギツネの大好物。雪の下にいても見つけてとらえてしまいます。さて、その方法とは？

食肉目
アカギツネ イヌ科
- 日本、アフリカ北部、ユーラシア、北アメリカ
- 45〜90cm、(尾長)28〜49cm
- オス／4〜14kg、メス／3〜7kg

1. 音を聞いて見つける
2. 超音波を出して見つける
3. においで見つける

答えは次のページへ ≫

むむ！この下に**ネズミがいるぞ**

雪の中に頭をつっこんで……

狩り**成功**！

クイズ3 答え ① 音を聞いて見つける

アカギツネの耳は、とてもよく音が聞こえます。ネズミが雪の下のトンネルを通るときにたてるわずかな音を聞いて、正確に位置を特定し、いっきに飛びついてとらえます。

注目のスゴ技編

クイズ 4 キタゾウアザラシの得意技は？

オスの体長が4mにもなる巨大なキタゾウアザラシには、おどろくような能力があります。それはなんでしょう？

食肉目
キタゾウアザラシ
アザラシ科
🌏 北太平洋北部～東部
📏 オス／350～400cm、メス／215～300cm
⚖ オス／1800～2500kg、メス／300～600kg

1. 最高時速50km以上で泳ぐ
2. 時速50km以上で地面をころがる
3. 最深1500m以上もぐる

答えは次のページへ ≫

③ 最深1500m以上もぐる

キタゾウアザラシの体に深さを記録する機械を取りつけたところ、平均500m、最深で1500m以上もの海の深いところまでもぐって、獲物の魚やイカをとっていることがわかりました。

水面で数分間息をするだけで、100分間ももぐれるんだよ！

▶キタゾウアザラシは大きい体を維持するために、一日20時間以上も深海にもぐり、獲物をとって食べる必要があるという報告もあります。

注目のスゴ技編

クイズ 5

マメジカがもっている武器はなに？

原始的なシカにちかい動物のマメジカには角がありません。そのかわりになる武器はなんでしょう？

鯨偶蹄目
ジャワマメジカ
マメジカ科
- インドネシア（ジャワ島）
- 50〜53cm、(尾長) 4〜6cm
- 1.7〜2.1kg

1. あしのひづめ
2. 犬歯
3. 鼻

答えは次のページへ ≫

このするどい牙を見てくれ！

クイズ5 答え ② 犬歯(けんし)

マメジカのなかまは、オス・メスともに犬歯がのびて牙になっています。とくにオスの犬歯は長く、ほかのオスにメスをとられないように、犬歯を武器として戦います。

注目のスゴ技編

クイズ 6
キリンのオスどうしはどうやって戦う？

とてもおとなしそうなキリン。ところが、メスをめぐってオスどうしがはげしい戦いになることがあります。さて、どうやって戦うのでしょう？

鯨偶蹄目
キリン キリン科
- サハラ砂漠以南のアフリカ
- 3.5〜4.8m、(尾長)0.8〜1.1m、(頭頂部までの高さ)4.5〜6m
- オス／1800〜1930kg、メス／450〜1180kg

1. 尾で戦う
2. あしで戦う
3. 首で戦う

答えは次のページへ >>

21

クイズ6 答え ③ 首で戦う

交尾期になるとオスどうしは、メスをめぐって首をいきおいよくふりまわし、打ちあって戦います。あまりのはげしさで、ときには相手が気絶してしまうことがあるほどです。

"ドスン"という音が響くほどはげしい打ちあいだ！

注目のスゴ技編

クイズ 7
シロイルカならではの意外な特技って？

北極圏の海にすむシロイルカには、ほかのイルカでは、あまり見られない、変わった特技があります。それは次のうちのどれでしょう？

鯨偶蹄目
シロイルカ イッカク科
🌏 北極圏の海
📏 3〜4.5m
⚖ 500〜1600kg

1. 口から泡の輪をはき出す
2. ひれで波を起こす
3. 頭から電気を出す

答えは次のページへ 》

クイズ7答え ① 口から泡の輪をはき出す

口をすぼめて水を強くはき出すことができ、水族館では泡の輪を出す芸を見せてくれます。海底の砂の中にいる獲物を、口から強く水をはき出してさがし出し、とらえる習性を応用した芸です。

習性をいかした芸なんだ！

おみごと！

きれいな輪

第2章 体のひみつ編

クイズ 8 コアラの奥歯が黒いのはなぜ？

カンガルー目
コアラ コアラ科
- 🌏 オーストラリア東部
- 📏 オス／67〜82cm、メス／65〜73cm
- ⚖ オス／4.2〜14.9kg、メス／4.1〜11kg

体のひみつ編

オーストラリアの固有種であるコアラには、奥歯がまっ黒なものがいます。どうして黒くなったのでしょう？

1. **虫歯になったから**
2. **食べものでそまったから**
3. **黒いつめをかんでそまったから**

奥歯が黒い!!
ZOOM

答えは次のページへ》

ユーカリの葉を食べると黒くなるよ！

モグモグ

クイズ8 答え

② 食べもので そまったから

コアラはユーカリの葉だけを食べる動物。奥歯はもともと白いのですが、ユーカリの葉を食べつづけると葉にふくまれる成分で黒くそまってしまいます。ただし、個体によって、まっ黒ではないものもいます。

クイズ 9　ゾウのおっぱいはどこにある？

ほ乳類であるゾウは、乳を飲ませて子どもを育てます。さて、ゾウのおっぱいは体のどこについているでしょう？

ゾウ目
アジアゾウ　ゾウ科
- 南アジア、東南アジア
- 5.5〜6.1m、(尾長)1.2〜1.5m
- オス／平均2.7m(最大3.4m)、メス／平均2.4m
- オス／平均3.6t(最大6t)、メス／平均2.7t

1. わきの下
2. おしり
3. ひざの裏

答えは次のページへ ≫

子どもがいるメスの
おっぱいは**大きくなるよ！**

▲アフリカゾウの母と子。

クイズ9 答え ❶ わきの下

ゾウは、ヒトのわきの下にあたる左右の前あしのつけ根におっぱいがあります。立ったまま乳をすわせるので、生まれたばかりの赤ちゃんでも、お母さんのあしと同じくらいの背の高さがあります。

体のひみつ編

クイズ 10
アフリカゾウが鼻をからめているけれど、なにをしている？

とっても長いゾウの鼻。食べものをつかんだり、水を飲む以外にもいろいろなことに使います。さて、これはなにをしているのでしょう？

ゾウ目
アフリカゾウ ゾウ科
- サハラ砂漠以南のアフリカ
- 6〜7.5m、(尾長)1〜1.5m
- オス/平均3.2m(最大4m)、メス/平均2.6m(最大3m)
- オス/6t(最大10t)、メス/2.8t(最大4.6t)

1. けんか
2. 食べものをわたしている
3. あいさつ

答えは次のページへ »

群れでくらすから
あいさつは大切だ

こんにちは！
やあ！

クイズ
10
答え ❸ あいさつ

ゾウはとてもにおいに敏感で、このように鼻をからめてにおいをかぎ、あいさつをします。

体のひみつ編

クイズ 11 ナマケモノが動かなすぎて体に起きることとは？

木の枝にぶら下がり、あまり動かないナマケモノ。じっとしすぎて体にあることが起こります。さて、それはなんでしょう？

有毛目
ノドチャミユビナマケモノ
ミユビナマケモノ科

- 中央アメリカ・南アメリカ中部
- 51.9～54cm、(尾長) 5.2～5.5cm
- 3.7～6kg

1. 鳥が巣をつくる
2. 毛に藻が生える
3. あしの裏に木の皮がはりつく

答えは次のページへ ≫

② 毛に藻が生える

ジャングルは湿度が高く、ナマケモノは毛に藻が生えて緑色になります。それによって天敵に見つかりにくいカモフラージュの効果も、生み出します。

緑色の毛が生えているわけではないよ！

クイズ12 モグラの指のひみつはなに？

トンネルをほるのが得意なモグラの前あしは、ほかの動物とはことなる特しゅな構造になっています。それは次のうちどれでしょう？

真無盲腸目
コウベモグラ モグラ科
- 🌏 日本(中部地方、四国、九州)
- 📏 12.3～18㎝、(尾長)1.2～2.9㎝
- ⚖ 62.9～178g

1. **第6の指がある**
2. **親指が二股に分かれている**
3. **指にとげがたくさんある**

答えは次のページへ ≫

クイズ12 答え ① 第6の指がある

モグラの前あしの親指の外側には、まるで第6の指のような鎌状骨という骨があります。この骨があるおかげで前あしが広がり、土がほりやすくなります。

モグラの前あし
親指
第6の指、鎌状骨

▲モグラはほった土を地上におし出します。これを「モグラ塚」といいます。

体のひみつ編

クイズ13 オオミナミシタナガコウモリは長い舌をもっているけれど、それは、なんのため？

このコウモリの舌はびっくりするくらい長いです。いったいどんなときに使うのでしょうか？

コウモリ目
オオミナミシタナガコウモリ
ヘラコウモリ科
- 中央アメリカ〜南アメリカ北西部
- 5.6〜7.5cm、(尾長)0.7〜1.2cm
- 13〜16g

1. アリをつかまえるため
2. 敵をおどろかすため
3. 花の蜜をなめるため

答えは次のページへ ≫

クイズ13 答え ③ 花の蜜をなめるため

オオミナミシタナガコウモリの主食は花の蜜。長い舌は花の奥にある蜜にとどき、なめることができます。

おどろくほど長〜い舌！

蜜をなめるときに頭や顔に花粉がついて、花粉を運ぶ役割もするよ

体のひみつ編

クイズ 14
シロヘラコウモリはコウモリではめずらしく体がまっ白！それはなぜ？

ほとんどのコウモリの体色は黒か茶色ですが、このコウモリは白いです。それはどうしてでしょう？

コウモリ目

シロヘラコウモリ

ヘラコウモリ科
- 🌐 中央アメリカ東部
- 📏 3.7～4.7㎝
- ⚖ 5～6g

1. 雪の中で目立たないように
2. ねているときに目立たないように
3. 飛んでいるときに目立たないように

答えは次のページへ ≫

葉の一部をかんで折ることで
テントみたいな形にするよ

Zzz

ゆっくり
ねむれるな〜

クイズ14
答え

② **ねているときに目立たないように**

シロヘラコウモリは、ヘリコニアの大きな葉の下に集まってねむる習性があります。白い体は、葉を通った光で緑色にそまり、目立たなくなります。

体のひみつ編

クイズ15 センザンコウのうろこは なにが変化したもの？

よろいのようなうろこで身を守るセンザンコウ。さて、そのうろこの正体はなんでしょう？

ZOOM

センザンコウ目
サバンナセンザンコウ
センザンコウ科
- アフリカ中央部〜東部〜南部
- 45〜55cm、（尾長）40〜52cm
- 5〜17kg

1. 毛
2. 骨
3. 皮ふ

答えは次のページへ »

人間の毛やつめと同じ
ケラチンという成分で
できているよ！

クイズ15答え ①毛

まるまって弱点の
おなかを守るよ

センザンコウのうろこは、毛が集まって変化したものと考えられています。かたいだけでなく、ふちがカミソリのようにするどくなっていて、身を守ります。

体のひみつ編

クイズ16 ライオンのオスにある たてがみの意外な役割とは？

ライオンといえばりっぱなたてがみ。体を大きく見せる以外にも役割があります。さて、それはなんでしょう？

食肉目
ライオン ネコ科
- サハラ砂漠以南のアフリカ、インド西部
- オス／172〜250cm、メス／158〜192cm、(尾長)61・100cm
- オス／150〜225kg、メス／122〜192kg

1. 首を守る
2. 獲物をびっくりさせる
3. 顔をかくす

答えは次のページへ ≫

43

かまれても
へっちゃらさ！

クイズ16 答え ① 首を守る

ライオンの弱点は首。かまれると命を落とすかもしれません。びっしりと生えた毛でおおうことによって、相手の牙で傷つかないようになっています。

体のひみつ編

クイズ 17

チーターにだけある、ネコ科ではめずらしい体の特ちょうは？

チーターには、ほかのネコ科のなかまにはない特ちょうがあります。それはなんでしょう？

食肉目
チーター ネコ科
- 🌍 アフリカ、イラン北部
- 📏 121〜145cm、（尾長）63〜76cm
- ⚖ オス／39〜59kg、メス／36〜48kg

1. しっぽでものをつかめる
2. 鼻のあながとじる
3. つめが出たまま

答えは次のページへ ≫

45

クイズ17 答え ③ つめが出たまま

ネコ科の動物は、あしのつめがひっこめられるようになっています。しかし、チーターだけは、つめをひっこめることができません。速く走れるように、しっかりと地面にくいこむようになっているのです。

◀最高時速100km以上で走ることができるんだ！

つめは速く走るためのスパイクだ

体のひみつ編

クイズ 18 ユキヒョウの尾はなぜ長い？

高い山の岩場にすむユキヒョウは、太くて長い尾が特ちょうです。では、この長い尾はなんのためにあるのでしょう？

食肉目
ユキヒョウ ネコ科

🌐 シベリア南部〜中央アジア〜南アジア北部
📏 86〜125cm、(尾長)80〜105cm
⚖ 22〜52kg

1. 獲物をおびきよせるため
2. 木にぶら下がるため
3. ジャンプするときにバランスをとるため

答えは次のページへ ≫

動物界きっての
大ジャンパー！

クイズ18答え

③ ジャンプするときに バランスをとるため

ユキヒョウの狩りは、獲物にそっと近づき、ジャンプしておそいかかるスタイル。ときには15mもの距離をとび、長い尾が体のバランスをとるのに役立ちます。

体のひみつ編

クイズ 19 サーバルのあしが長いのはなぜ？

1. 背の高い草の中を歩けるように
2. 深い水の中を歩けるように
3. メスにもてるように

食肉目 サーバル ネコ科
- 🌍 アフリカ北西部、サハラ砂漠以南のアフリカ
- 📏 59〜92㎝、（尾長）20〜38㎝
- ⚖ 7〜13.5kg

クイズ 20 ヤブイヌのあしが短いのはなぜ？

食肉目 ヤブイヌ イヌ科
- 🌍 南アメリカ北部〜中部
- 📏 57.5〜75㎝、（尾長）12.5〜15㎝
- ⚖ 5〜8kg

1. 木のあなにすんでいるから
2. 土の中の巣あなにすんでいるから
3. 獲物がとりやすいから

答えは次のページへ ≫

49

クイズ19 答え

① 背の高い草の中を歩けるように

あしが長いから草がしげっていても平気

サバンナにすむサーバルは、草の中にひそむネズミなどをねらいます。あしが長いと、草の背が高くても自由に歩くことができます。

クイズ20 答え

② 土の中の巣あなにすんでいるから

好物はアルマジロ

ヤブイヌは、ジャングルの地中にあなをほってくらしています。あしが短いのは、あなの中で移動しやすいからです。

体のひみつ編

クイズ21
ホッキョクギツネが平気ですごせる、超過酷な状況とは次のうちどれ？

1. 食べるものがほとんどない状況
2. 水分がほとんどとれない状況
3. マイナス70℃の極寒の状況

食肉目　ホッキョクギツネ　イヌ科
- 北極圏
- 50〜75cm、（尾長）25.5〜42.5cm
- 3.1〜4.2kg

クイズ22
フェネックの耳はなぜ大きいの？

1. 超音波でコミュニケーションをとるため
2. メスにもてるため
3. 体を冷やすため

食肉目　フェネック　イヌ科
- アフリカ北部
- 33.3〜39.5cm、（尾長）12.5〜25cm
- 0.8〜1.9kg

答えは次のページへ ≫

クイズ21 答え ③ マイナス70℃の極寒の状況

まるまって寒さにたえるよ

びっしりと生えた毛でおおわれたホッキョクギツネの体は、マイナス70℃というきびしい寒さでも、じっと動かずにたえぬくことができます。

クイズ22 答え ③ 体を冷やすため

フェネックは、昼間に気温が50℃ちかくにもなる砂漠にすむキツネです。大きな耳には、体の熱を逃がして冷ますはたらきがあります。

世界でいちばん小さなキツネなんだ

寒い　すんでいるところ　暑い

ホッキョクギツネ	アカギツネ	フェネック

▲耳など、体の突出した部分が小さいほど熱が逃げにくく、大きいほど熱を逃がしやすいです。これを「アレンの法則」といいます。

体のひみつ編

クイズ23 ホッキョクグマの肌の色は何色？

全身がまっ白なホッキョクグマ。では、毛の下にある肌は、どんな色をしているでしょう？

食肉目
ホッキョクグマ クマ科
- 北極圏
- 180〜280cm、（尾長）6〜13cm
- オス／300〜650kg（最大800kg）、メス／150〜250kg（最大500kg）

1. 白
2. うすいピンク
3. 黒

答えは次のページへ ≫

クイズ23 答え ③ 黒

ホッキョクグマの肌の色はまっ黒です。白く見える毛はじつは透明で、太陽の光が黒い肌までとどき、熱を吸収します。また、この毛は中が空洞で、あたたかい空気を外に逃がさないしくみになっています。このようなしくみがあるから、ホッキョクグマはきびしい寒さでも平気なのです。

顔を見ると肌が黒いのがわかるよ

▲顔の黒く見えている部分が、地肌です。

体のひみつ編

クイズ24 マレーグマの首の皮がだぶついているのはなぜ？

東南アジアなどのジャングルにすむマレーグマは、首のまわりの皮がだぶだぶしています。これはどうしてなのでしょうか？

食肉目
マレーグマ クマ科
- 南アジア、東南アジア、中国南部
- 100～150cm、(尾長)3～7cm
- 30～80kg

1. 暑さ対策
2. トラ対策
3. ハチ対策

答えは次のページへ »

だぶだぶの首の皮は
おしゃれのためでも
やせて皮があまった
わけでもないよ

マレーグマの天敵は
トラやウンピョウ

危ない！
背後からトラが
かみついて
くるぞ！

想定外！

ビョーン

のびる皮のおかげで
クルッと反対向きに！

クイズ24 答え ② トラ対策

マレーグマは、トラやウンピョウなどの捕食者に後ろからかまれても、首の皮がのびて体を反対向きにし、かみついて反撃できるといわれています。

体のひみつ編

クイズ25 パンダがタケやササを上手に前あしでつかめるひみつは？

1. 肉球から粘着性の物質が出ている
2. 指と同じはたらきをする特しゅな骨がある
3. 指が反対側にも曲がる

食肉目 ジャイアントパンダ クマ科

- 中国
- 120〜180㎝、(尾長)10〜16㎝
- オス／85〜125kg、メス／70〜100kg

クイズ26 冬は体がまっ白になるオコジョ。1か所だけ白くならないのはどこ？

食肉目 オコジョ イタチ科

- 日本、ユーラシア、北アメリカ、グリーンランド
- 19〜34㎝、(尾長)4.2〜12㎝
- 56〜365g

◀夏毛のオコジョ。

1. 尾
2. 耳
3. あし

答えは次のページへ ≫

クイズ25 答え ② 指と同じはたらきをする特しゅな骨がある

パンダの前あしには、5本の指以外に2本の突起状の骨があります。この骨を指のように使うことで、ものがつかめるのです。

パンダの指は7本!?

▶国立科学博物館地球館1階に展示されているジャイアントパンダの前あしの骨格標本。

▼ひみつの骨は、ものを固定するのに使われます。

ものをつかめるひみつの骨

クイズ26 答え ① 尾

オコジョは、全身がまっ白になることで、雪の中で目立たないようになります。しかし、尾の先だけは夏と同じで黒いままです。

黒い理由はよくわからないんだ

△冬毛のオコジョ。

体のひみつ編

クイズ27
アシカが鼻にのせたボールを落とさないのはなぜ？

水族館のアシカショーでは、鼻の上にのせたボールを落としません。これには理由があるのですが、それはなんでしょう？

食肉目
カリフォルニアアシカ

アシカ科
- 北アメリカ〜中央アメリカ北部の太平洋沿岸
- オス/240㎝、メス/200㎝
- オス/390kg以上、メス/110kg

1. 目で見てバランスをとっているから
2. ひげでバランスをとっているから
3. 鼻から息をすいこんでくっつけているから

答えは次のページへ

② ひげでバランスを とっているから

アシカの顔には、感覚毛という神経とつながるひげが生えていて、とても敏感になっています。このひげでボールの動きを感じて、落ちないようにバランスをとっているのです。

獲物の魚の位置を知るのに使う感覚毛を利用した芸だよ

体のひみつ編

クイズ28 サバンナシマウマのあしの指は何本？

ほ乳類は種によって、あしの指の数が決まっています。さて、シマウマのあしの指は何本でしょう？

奇蹄目
サバンナシマウマ ウマ科
- アフリカ東部～南部
- 217～246cm、（尾長）47～57cm
- 127～140cm
- 175～320kg

1. **1本**
2. **3本**
3. **5本**

答えは次のページへ ≫

61

クイズ28 答え ① 1本

ウマ科の動物であるシマウマのあしの指は、ヒトの中指にあたる第3指が発達した1本だけです。ほかの指は退化してなくなりました。指が少なくなるとあしが軽くなって、長くなるので、歩幅が広がって速く走ることができます。

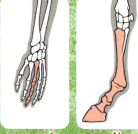

ヒトの手　ウマの前あし

体のひみつ編

クイズ29 ウマの顔が長いのはなぜ？

近くで見ると、ウマの顔が長いのがよくわかります。
どうしてこんなに長いのでしょう？

ウマの品種 サラブレッド
競走馬として、品種改良されました。
- 160〜170cm
- 450〜500kg ◆イギリス

顔が長いね／あなたもね

1. 大きな声を出せるように
2. 大きな歯がたくさんならぶように
3. 口を大きく開けられるように

答えは次のページへ ≫

② 大きな歯がたくさんならぶように

ウマはかたい草を食べます。その草をすりつぶして飲みこむには、大きな臼歯をたくさんならべるスペースが必要なので、そのぶん顔が長くなったのです。臼歯は横から見るととても長く、すりへってものびつづけます。

臼歯

▲ウマの頭蓋骨のX線写真。

かたい草を消化できるようによくかんですりつぶすよ

クイズ 30
サイの角は、体のどこと同じ成分でできている?

体のひみつ編

サイは、頭に1～2本の角が生えています。さて、その角はなにと同じ成分でできているのでしょうか?

奇蹄目
クロサイ サイ科

- アフリカ東部～南部
- 300～380cm（尾長）25～35cm
- 140～170cm
- 800～1300kg

① 毛　② 骨　③ 歯

答えは次のページへ ≫

クイズ30 答え ① 毛

サイの角は、毛やつめと同じ成分のケラチンというたんぱく質がかたまってできたものです。そのため、中に骨はありません。

▲日立市かみね動物園に展示されているクロサイの頭蓋骨。角の部分に骨がないことがわかります。

つめと同じように
切ってものびてくるよ

ZOOM

角のつけ根には
毛があるんだ！

体のひみつ編

クイズ31 ラクダのこぶの中身はなに？

1. 骨
2. 脂肪
3. 水

鯨偶蹄目 ヒトコブラクダ
ラクダ科
🌍 アフリカ北部〜西アジア、中央アジアの一部
📏 220〜340cm、(尾長)45〜55cm
📐 180〜200cm ⚖ 400〜600kg

クイズ32 イノシシのあしの指は何本？

鯨偶蹄目 イノシシ イノシシ科
🌍 日本、ヨーロッパ、アフリカ北部、ロシア、アジア
📏 90〜200cm、(尾長)15〜40cm
📐 55〜110cm ⚖ 44〜320kg

1. 2本
2. 4本
3. 5本

クイズ33 キリンの舌は何色？

1. 黒
2. 赤
3. 黄

鯨偶蹄目 キリン キリン科
🌍 サハラ砂漠以南のアフリカ
📏 3.5〜4.8m、(尾長)0.8〜1.1m、(頭頂部までの高さ)4.5〜6m
⚖ オス／1800〜1930kg、メス／450〜1180kg

答えは次のページへ ≫

クイズ31 答え ② 脂肪

ラクダのこぶの中身は脂肪で、食べものがないときに栄養にかえます。そのため、食べものが少ない砂漠でも生きていけるのです。

▲ヒトコブラクダの骨格。こぶは脂肪なので骨がありません。

クイズ32 答え ② 4本

ふだんは前の2本の指で歩くけど、坂では4本を使って歩くよ

イノシシの指の数は4本で、ヒトの中指と薬指にあたる第3指と第4指が長くて前側に、人差し指と小指にあたる第2指と第5指は短く、後ろ側についています。

クイズ33 答え ① 黒

長い舌はより高いところの葉にとどく

キリンの舌は根元をのぞいてまっ黒です。太陽の強い紫外線で日焼けするのをふせいでいるといわれています。

体のひみつ編

クイズ34 シカ科のなかでトナカイだけの特ちょうはどれ？

サンタクロースのソリを引くことで有名なトナカイには、ほかのシカのなかまにはない特ちょうがあります。それはなんでしょう？

1. メスのほうが大きい
2. メスなのに角がある
3. メスのほうが寿命が短い

答えは次のページへ 》》

クイズ34 答え

② メスなのに角がある

トナカイは、オス、メスともに頭に角があります。これはシカ科ではトナカイだけの特ちょうです。

メスにもりっぱな角があるぞ

◀よりそって歩くトナカイの母と子。

鯨偶蹄目 トナカイ シカ科
- 北極圏、ユーラシア北部、北アメリカ北部
- 170〜210㎝、（尾長）14〜16㎝
- 70〜135㎝
- オス／65〜170kg、メス／55〜110kg

体のひみつ編

クイズ35 アメリカバイソンの背中が盛り上がっているのはなぜ？

巨大なウシのなかまのアメリカバイソンは、背中が大きく盛り上がっています。なぜ、こんな形をしているのでしょう？

鯨偶蹄目
アメリカバイソン
ウシ科

- 🌐 アメリカ合衆国、カナダ西部
- 📏 210〜380㎝、（尾長）43〜60㎝
- 📐 150〜195㎝
- ⚖ オス／460〜998kg、メス／360〜544kg

1 体を大きく見せるため

2 重たい頭をささえるため

3 速く走るため

答えは次のページへ ≫

棘突起

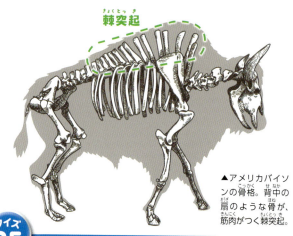

▲アメリカバイソンの骨格。背中の扇のような骨が、筋肉がつく棘突起。

クイズ35 答え ② 重たい頭をささえるため

アメリカバイソンの頭はとても重く、それをささえるために背中は筋肉で大きく盛り上がっています。その筋肉がつくように、棘突起とよばれる骨が長く発達しています。

◀前から見ても、背中が盛り上がっているのがよくわかります。

体のひみつ編

クイズ36 ジェレヌクの首が長いのはなぜ？

1. 戦うときの武器になるため
2. 高い場所の木の葉を食べるため
3. 川などに頭を入れて魚をとるため

鯨偶蹄目 ジェレヌク ウシ科
- アフリカ東部
- 140〜160cm、（尾長）22〜35cm
- 80〜105cm
- 29〜52kg

クイズ37 インパラのメスの特ちょうは？

1. オスよりも大きい
2. 鼻の色がピンク
3. 角がない

鯨偶蹄目 インパラ ウシ科
- アフリカ東部・南部
- 125〜135cm、（尾長）25〜30cm
- 86〜98cm
- オス／57〜64kg、メス／43〜47kg

答えは次のページへ >>

クイズ36 答え ② 高い場所の木の葉を食べるため

ジェレヌクの主食は木の葉です。後ろあしで立ち上がり、長い首をいかして高い場所にある木の葉を食べることができます。

2mくらいの高さの枝までとどくよ

クイズ37 答え ③ 角がない

たいていのウシ科の動物は、オスもメスも頭に角がありますが、インパラのメスには角がありません。

▲インパラのオス。ウシ科の角は、骨に角質がかぶさっていて、角質部分だけがのびます。

▶インパラのメス。

体のひみつ編

クイズ 38
カバの皮ふから出る赤い汗のような粘液の役割は？

右の写真の点々に見えるものは、カバの皮ふから出た少しねばねばした液体です。いったいこれにはどんな役割があるのでしょう？

ZOOM

鯨偶蹄目
カバ カバ科

- サハラ砂漠以南のアフリカ
- 290〜505cm、(尾長)40〜56cm
- 150〜165cm
- 1000〜4500kg

1. 虫よけ
2. 体を冷やす
3. 紫外線対策

答えは次のページへ >>

75

クイズ38答え ③ 紫外線対策

カバの皮ふから出る汗のような赤い液体には、特しゅな色素がふくまれていて、強い紫外線や細菌の感染から皮ふを守るはたらきがあります。

▼分泌直後は無色ですが、少したつと赤から茶色に変化します。

強い日差しをさけて夜に陸に上がって草を食べるよ

体のひみつ編

クイズ39 マッコウクジラの大きな頭の中には、なにが入っている？

巨大な頭のマッコウクジラ。いったい頭の中には、なにが入っているのでしょうか？

鯨偶蹄目
マッコウクジラ
マッコウクジラ科
- 日本近海、世界中の海
- オス／15.2～19.2m、メス／10.4～12.5m
- オス／約45t(最大70t以上)、メス／約15t(最大24t)

1. 巨大な脳
2. 油
3. 空気

答えは次のページへ »

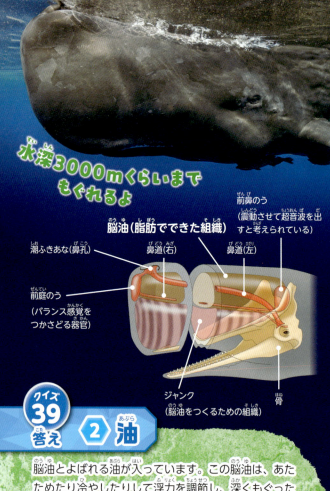

水深3000mくらいまでもぐれるよ

脳油(脂肪でできた組織)

前鼻のう(震動させて超音波を出すと考えられている)

潮ふきあな(鼻孔)　鼻道(右)　鼻道(左)

前庭のう(バランス感覚をつかさどる器官)

ジャンク(脳油をつくるための組織)

骨

クイズ39 答え ② 油

脳油とよばれる油が入っています。この脳油は、あたためたり冷やしたりして浮力を調節し、深くもぐったり、水中でのバランスをたもつはたらきがあります。

体のひみつ編

クイズ 40 イルカの頭にある、果物の名前がついた器官は？

イルカの頭には、超音波を発生させる器官があります。その名前は次のうちのどれでしょう？

鯨偶蹄目
ハンドウイルカ マイルカ科
- 日本近海、太平洋、大西洋、地中海、インド洋
- 1.9～3.8m
- 136～635kg

1. オレンジ体
2. メロン体
3. リンゴ体

答えは次のページへ ≫

見えないものがわかる なんてすごいね

メロン体
エコーロケーションをするための、頭にある脂肪質の器官です。同じ器官がクジラやシャチにもあります。

クイズ40 答え ② **メロン体**

果物のメロンみたいな形なので、こうよばれています。イルカは、メロン体で超音波を出す強さや方向をかえて、目が見えない暗い水中でも、ものの形や獲物の位置を知ることができます。

体のひみつ編

クイズ41 アイアイは細長い中指をなにに使う？

マダガスカル島にだけすむ夜行性のサルのアイアイ。
前あしの細く長い中指を、あることに使います。
それはなんでしょう？

薬指
中指

サル目
アイアイ アイアイ科
- マダガスカル島
- 30〜37cm、(尾長)44〜53cm
- 2.4〜2.6kg

1. 毛にいる寄生虫をとる
2. 食べものをさがしてとる
3. 歯をみがく

答えは次のページへ ≫

81

中指で虫をさがすよ

クイズ41答え
② 食べものを さがしてとる

アイアイは、木の枝を中指で細かくたたいて、音で中にいる虫をさがします。見つけると歯でかじってあなをあけ、中指を差しこんでかき出し、虫をつかまえます。

クイズ42 アカウアカリの健康チェック法は?

1. 顔の色を見る
2. 毛の色を見る
3. 目の色を見る

サル目 アカウアカリ サキ科
- 南アメリカ北西部(アマゾン川上流域)
- 36〜57cm、(尾長)14〜19cm
- 2.3〜3.5kg

クイズ43 ジェフロイクモザルの尾にある特ちょうは?

1. 吸盤がある
2. しわがある
3. 特しゅな毛が生えている

サル目 ジェフロイクモザル クモザル科
- 中央アメリカ
- 31〜63cm、(尾長)64〜86cm
- 6〜9.4kg

答えは次のページへ

クイズ42 答え

① 顔の色を見る

赤い顔は健康の証拠だ！

アカウアカリは、赤い顔が特ちょうで、これが健康なときの色です。そして、マラリアという感染症にかかると、顔が青白くなるといわれています。

クイズ43 答え

② しわがある

ジェフロイクモザルの尾の内側には毛がなく、「尾紋」とよばれるヒトの指にある指紋のようなしわがあります。このしわによって、つかんだものがすべらないようになっています。

ものをつかむこともできるよ

▲えさの白菜を上手に尾でつかむ日立市かみね動物園のジェフロイクモザル。

◀尾の内側の尾紋。

体のひみつ編

クイズ 44
ニホンザルの尾が短いのはなぜ？

ニホンザルはオナガザルのなかまなのに、短い尾しかありません。それはどうしてでしょう？

サル目
ニホンザル
オナガザル科
- 🌏 日本(本州〜屋久島)
- 📏 46.1〜65cm、(尾長)8.1〜8.7cm
- ⚖ オス／5.6〜18.4kg、メス／4〜13.8kg

1. 大人になった証拠
2. 森の中でじゃまになるから
3. 寒さ対策

答えは次のページへ ≫

英語では
スノーモンキーともよばれるよ

クイズ44 答え ③ 寒さ対策

ニホンザルは、サルではいちばん寒い地域にすんでいます。そのため、尾が長いと体温がうばわれて凍傷になってしまうので、短くなったといわれています。

体のひみつ編

クイズ45 シルバールトンの赤ちゃんは何色？

1. まっ白
2. 金色
3. 虹色

サル目 シルバールトン
オナガザル科
- 東南アジア(スマトラ島、ボルネオ島など)
- 46～58cm、(尾長)66～75cm
- 5.7～6.6kg

クイズ46 マンドリルの鼻が赤く見えるのはなぜ？

1. 皮ふの色が赤いから
2. 血の色がすけているから
3. 毛の色が赤いから

サル目 マンドリル オナガザル科
- アフリカ中西部
- 55～110cm、(尾長)5～10cm
- オス／18～33kg、メス／11～13kg

答えは次のページへ ≫

クイズ45 答え ② 金色

シルバールトンの赤ちゃんは、生まれてしばらくは金色をしていて、成長すると親と同じ色になります。

クイズ46 答え ② 血の色がすけているから

マンドリルの鼻は、その下を通る血管の血がすけて見えるので、赤い色をしています。

▶マンドリルのあざやかな顔やおしりの色は、構造色とよばれます。

体のひみつ編

クイズ 47
厚みのあるゴリラの頭。盛り上がっているのはなぜ？

ゴリラの頭は、上の部分が高く盛り上がっています。さて、どうして盛り上がっているのでしょう？

サル目
ニシゴリラ ヒト科

- アフリカ中西部
- オス／103〜107cm、（立位身長）138〜180cm、メス／（立位身長）109〜152cm
- オス／145〜191kg、メス／57〜73kg

1. 脂肪のこぶがあるから
2. 筋肉が発達しているから
3. 長い毛が生えているから

答えは次のページへ ≫

クイズ47答え ② 筋肉が発達しているから

ゴリラの頭には、あごにつながる筋肉がついていて、盛り上がって見えます。かたい植物を強くかめるように筋肉が発達しているのです。とくにオスはよく発達しています。

▼ニシゴリラの頭蓋骨。

かたいものをたくさん食べるからね

体のひみつ編

クイズ 48 ナキウサギの耳が短いのはなぜ？

ウサギのなかまなのに耳が短いナキウサギ。
どうして耳が短いのでしょうか？

ウサギ目
キタナキウサギ
ナキウサギ科
🌏 日本（北海道）、ロシア、東アジア北部
📏 13〜18cm
⚖ 52〜165g

1. トンネルがすみかだから
2. 水中で速く泳ぐため
3. 必要なときにのばすことができるから

答えは次のページへ ≫

▶北海道にすむキタナキウサギの亜種、エゾナキウサギの巣あなの出入り口。

耳が短くても ウサギだよ

クイズ48答え

① トンネルがすみかだから

ナキウサギのすみかは、岩場や土の中のトンネルです。そのため、耳が長いとじゃまになるので短くなりました。

第3章
くらべてみよう編

クイズ49 アカカンガルーとオオカンガルーを見分けるポイントは？

よく似ているアカカンガルーとオオカンガルーですが、ある部分にちがいがあります。
さて、それはどこでしょう？

1. 耳
2. 鼻
3. 尾

カンガルー目
アカカンガルー カンガルー科

- 🌏 オーストラリア西部〜内陸部
- 📏 オス／93.5〜140㎝、(尾長)71〜100㎝、メス／74.5〜110㎝、(尾長)64.5〜90㎝
- ⚖ オス／22〜92kg、メス／17〜39kg

くらべてみよう編

アカカンガルーとオオカンガルーはカンガルーのなかまで最大級の大きさ！

カンガルー目
オオカンガルー カンガルー科

- 🌐 オーストラリア東部、タスマニア島
- 📏 オス／97.2〜230.2㎝、(尾長)43〜109㎝、メス／95.8〜185.7㎝、(尾長)44.6〜84.2㎝
- ⚖ オス／19〜90kg、メス／17〜42kg

答えは次のページへ ≫

95

クイズ49 答え ② 鼻

アカカンガルーは鼻全体が黒っぽく見え、オオカンガルーは、鼻先まで毛が生えていて黒い部分がVの字に見えます。

アカカンガルー

カンガルーは鼻に特ちょうがある種が多いよ

オオカンガルー

くらべてみよう編

クイズ 50 ヒョウのもようはどれ？

クイズ 51 イヌのなかまでいちばん大きいのはどれ？

1 コヨーテ　**2** オオカミ　**3** タテガミオオカミ

3種とも食肉目・イヌ科のなかまだよ！

答えは次のページへ ≫

クイズ50 答え ②

黒い点が花びらのようにかこんでいるのが、ヒョウのもようの特ちょうです。① はチーター、③ はジャガーのもようです。

▲黒い点がならんでいるもようが、チーターです。

▲かこまれたもようの中に小さな黒い点があるのが、ジャガーです。

クイズ51 答え ② オオカミ

オオカミのなかでも、亜種シンリンオオカミは、大きなオスだと体長130cm、体重50kgをこえるものもいます。

No.1
食肉目 **オオカミ** イヌ科
🌐 北アメリカ、ユーラシア
📏 オス／100〜130cm、(尾長)40〜52cm、
　　メス／87〜117cm、(尾長)35〜50cm
⚖ 12〜75kg

食肉目 **ヒョウ** ネコ科
🌐 アフリカ、アジア、極東ロシア
📏 92〜190cm、(尾長)64〜99cm
⚖ 21〜71kg

コヨーテ
🌐 北アメリカ〜中央アメリカ
📏 74〜94cm、(尾長)26〜36.3cm
⚖ 7.7〜15.8kg

タテガミオオカミ
🌐 南アメリカ中部
📏 95〜115cm、(尾長)38〜50cm
⚖ 20.5〜30kg

くらべてみよう編

クイズ 52
トラが分布する次の地域で、いちばん大きな亜種が生息するのはどこでしょうか？

同じ種だけれど、すんでいる地域によって体の特ちょうがちがう集団ができることがあります。その地域ごとの集団を亜種といいます。トラの場合、どの地域にすむ亜種がもっとも体が大きいでしょうか？

食肉目
トラ ネコ科
- インド〜東南アジア、シベリア東部
- 146〜290cm、（尾長）72〜109cm
- 75〜325kg

1. スマトラ島
2. インド、ネパールなど
3. ロシア東部、中国東北部など

答えは次のページへ ≫

99

クイズ52 答え ③ ロシア東部、中国東北部など

トラは、ロシア東部などにすむ亜種のアムールトラがいちばん大きく、スマトラ島にすむいちばん小さな亜種のスマトラトラとは、平均体長が1m以上もちがいます。ほ乳類では、同じ種であっても、北の寒い地域にすむものほど、体が大きくなる傾向があり、これを「ベルクマンの法則」といいます。

最大亜種はいちばん北にすむアムールトラ！

スマトラトラ
- スマトラ島
- オス／平均204cm
- オス／平均136kg

ベンガルトラ
- インド、ネパールなど
- オス／平均290cm
- オス／平均221kg

アムールトラ
- ロシア東部、中国東北部など
- オス／平均315cm
- オス／平均248kg

くらべてみよう編

クイズ53 アシカにできてアザラシにできないことは?

海にすむほ乳類のアシカとアザラシ。アシカはできるのに、アザラシにはできないことがあります。さて、それはなんでしょう?

わたしはできるよ!

う、できない……

食肉目
ゴマフアザラシ アザラシ科
- 日本近海、北太平洋、北極海(チュクチ海)など
- 151～176㎝
- 65～115kg

食肉目
カリフォルニアアシカ
アシカ科
- 北アメリカ～中央アメリカ北部の太平洋沿岸
- オス/240㎝、メス/200㎝
- オス/390kg以上、メス/110kg

1. 陸上を走る
2. 水面をジャンプ
3. 鳴き声を出す

答えは次のページへ ≫

クイズ53答え ① 陸上を走る

アシカは、長く大きく発達した前あしをもち、後ろあしが前を向くので、4本のあしを使って陸上を走ることができます。一方、アザラシは、あしで立ち上がることができず、体を地面につけたまま、はうように進みます。

アシカは砂浜をけっこうな速度で走るよ

アシカ

アザラシ

▲アシカは、4本のあしを使って陸上を歩いたり、走ったりすることができます。

▲アザラシは前あしで体をささえられず、後ろあしのつけ根も曲げられないので、はって進みます。

くらべてみよう編

クイズ 54

イエネコにそっくりな**イリオモテヤマネコ**。どこを見ると見分けられる？

1. 耳の裏側
2. 鼻
3. 尾の先

食肉目 ネコ科
イリオモテヤマネコ
（ベンガルヤマネコの亜種）
🌏 日本（西表島）　📏 50〜60㎝、（尾長）20〜25㎝　⚖ 3.7〜4.7kg

クイズ 55

バクの子どもの体のもようはある動物の子どもにそっくり。その動物とは？

1. トラ　2. パンダ　3. イノシシ

クイズ 56

昼間、明るいところで見ると**ヤギ**の黒目の形は？

1. 長方形
2. まる
3. 星形

鯨偶蹄目
ヤギの品種 **ザーネン**
📏 75〜80㎝　・スイス

答えは次のページへ ≫

クイズ54 答え ① 耳の裏側

ここさえ見れば見分けはかんたん！

イリオモテヤマネコの耳の裏側には、白い大きなもようがあります。これは「虎耳状斑」といい、野生のネコ科の動物に多く見られる特ちょうのひとつです。

ベンガル（イエネコ）

イリオモテヤマネコ

クイズ55 答え ③ イノシシ

▶イノシシの子ども。

バクの子どもには、イノシシの子どもの"うりぼう"と同じような、白いしまもようがあります。

奇蹄目 マレーバク バク科

🌏 マレー半島、スマトラ島　📏 250～300㎝、(尾長)最大10㎝　📐 100～130㎝　⚖ 280～400kg

▲マレーバクの子ども。

クイズ56 答え ① 長方形

暗くなると……

ヤギの黒目は、水平に広い範囲がよく見える形をしています。夜は黒目が大きくまるくなります。

第4章

進化のふしぎ編

クイズ 57 クジラにちかいなかまはどれ？

ザトウクジラ ナガスクジラ科
🌐 日本近海、世界中の海（地中海などをのぞく）
📏 15〜17m ⚖ 30〜34t

進化のふしぎ編

海にすむ最大のほ乳類のクジラ。次の動物のうち、
分類がクジラにいちばんちかいのは、どれでしょう？

1 セイウチ

セイウチ セイウチ科
- 北極海とその周辺の海
- オス／250〜350cm、メス／約260cm
- オス／800〜1800kg、メス／約1000kg

ジュゴン ジュゴン科
- 日本（南西諸島周辺）、インド洋・太平洋南西部の沿岸
- （全長）2〜3.3m
- 570kg以上

2 ジュゴン

カバ カバ科
- サハラ砂漠以南のアフリカ
- 290〜505cm、（尾長）40〜50cm
- 150〜165cm
- 1000〜4500kg

3 カバ

答えは次のページへ ≫

クイズ57 答え ③ カバ

クジラは、遺伝子や骨の特ちょうなどからカバと祖先が共通だったことがわかっています。セイウチはイタチ、ジュゴンはゾウにちかいなかまとされています。

▲大昔のクジラ類の化石を調べると、あしのくるぶしにある距骨の構造が、現在の偶蹄類と同じであることがわかりました。上の写真は、国立科学博物館地球館地下2階に展示されている、ムカシクジラ類のパキケトゥスの骨格標本です。

カバもクジラも
鯨偶蹄目

食肉目 セイウチ　　**海牛目** ジュゴン

ちかいなかま
イタチ

ちかいなかま
ゾウ目 ゾウ

進化のふしぎ編

クイズ 58 フクロモモンガに ちかいなかまはどれ？

オーストラリアなどにすむ夜行性動物であるフクロモモンガ。次の動物のうち、同じなかまはどれでしょう？

フクロモモンガ

フクロモモンガ科

🌏 ニューギニア島、オーストラリア北部・東部〜南東部、タスマニア島
📏 16〜21㎝、(尾長)16.5〜21㎝
⚖ 60〜160g

1 カンガルー
2 ヒヨケザル
3 モモンガ

答えは次のページへ ≫

クイズ58 答え ① カンガルー

フクロモモンガは、赤ちゃんをふくろで育てる有袋類で、カンガルーと同じなかまです。ヒヨケザルはサルにちかいなかまで、モモンガはリスのなかまです。

カンガルーもフクロモンガも

カンガルー目

アカカンガルー
カンガルー科
- 🌏 オーストラリア西部〜内陸部
- 📏 オス／93.5〜140cm、(尾長)71〜100cm、メス／74.5〜110cm、(尾長)64.5〜90cm
- ⚖ オス／22〜92kg、メス／17〜39kg

そっくりだけどちがうなかま！

ヒヨケザル目

マレーヒヨケザル
ヒヨケザル科
- 🌏 東南アジア
- 📏 34〜42cm、(尾長)17〜28cm
- ⚖ 1.2〜1.7kg

げっ歯目

アメリカモモンガ リス科
- 🌏 北アメリカ東部、中央アメリカ
- 📏 11.7〜13.8cm、(尾長)8〜12cm
- ⚖ 42〜141g

進化のふしぎ編

クイズ 59 ケープハイラックスに ちかいなかまはどれ？

アフリカなどの岩場にすむケープハイラックスは、ちょっと意外な動物と関係があります。それは次のうちのどれでしょう？

ケープハイラックス
ハイラックス科
- 🌍 アフリカ、アラビア半島
- 📏 39〜58㎝
- ⚖ 1.8〜5.4kg

わたしたちは、両手でかかえられるくらいの大きさだよ！

1. タヌキ
2. フクロネコ
3. アフリカゾウ

答えは次のページへ ≫

111

ゾウ目
アフリカゾウ ゾウ科
- 🌐 サハラ砂漠以南のアフリカ
- 📏 6〜7.5m、（尾長）1〜1.5m
- ⚖ オス／6t(最大10t)、メス／2.8t(最大4.6t)

ハイラックス目

ハイラックスの祖先は
ゾウと同じなかま！

食肉目
タヌキ イヌ科
- 🌐 日本、シベリア東部〜東南アジア
- 📏 49.2〜70.5㎝、（尾長）15〜23㎝
- ⚖ 2.9〜12.5kg

フクロネコ目
フクロネコ
フクロネコ科
- 🌐 タスマニア島
- 📏 28〜45㎝、（尾長）17〜28㎝
- ⚖ 0.7〜1.9kg

クイズ59答え ③ アフリカゾウ

アフリカゾウとは、見た目はまったく似ていませんが、骨格や遺伝子を調べた結果、大昔、共通の祖先から分かれたと考えられています（2〜3ページの系統樹をチェックしてみてね！）。

▲ハイラックスの頭蓋骨。のびつづける上あごの2本の前歯はゾウと同じ。

第5章

おもしろ食べもの編

クイズ60 ミーアキャットの大好物の危険な生きものって？

じつに おいしそうだね

見てたら おなかすいて きちゃった

食肉目
ミーアキャット
マングース科
🌍 アフリカ南部
📏 24.5〜29㎝、(尾長)19〜24㎝
⚖ 620〜969g

おもしろ食べもの編

アフリカの砂漠やサバンナにすむミーアキャットは、毒がある危険な生きものが大好物です。さて、それはなんでしょう？

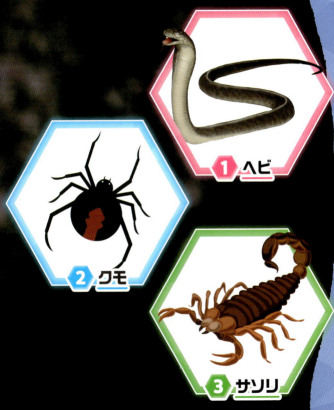

1 ヘビ

2 クモ

3 サソリ

答えは次のページへ≫

クイズ60答え ③ サソリ

サソリには猛毒がありますが、ミーアキャットは毒に対する免疫をもっているので、さされても死にません。それでも子どものときに、さされないようにサソリをとる訓練をします。

猛毒のサソリはおいしいよ！

▲死んだサソリで狩りの練習をするミーアキャットの子ども。

おもしろ食べもの編

クイズ 61
ハイエナのなかま、アードウルフの意外な主食は？

ハイエナといえば肉食動物ですが、そのなかまのアードウルフはちょっとかわった食べものが主食です。それはなんでしょう？

食肉目
アードウルフ ハイエナ科
- アフリカ東部・南部
- 55〜80㎝、(尾長)20〜30㎝
- 8〜12kg

1 草
2 シロアリ
3 木の実

答えは次のページへ ≫

▶夜行性のアードウルフ。左に見えるのは巨大なシロアリ塚です。

シロアリは栄養があるんだよ

▶アードウルフは長くて粘着性のある舌をもっています。

クイズ61 答え ② シロアリ

アードウルフは、シロアリが主食です。アリ塚から一晩で20万〜30万匹のシロアリを舌でなめとって食べるといわれています。肉をあまり食べないので、歯が貧弱であごの力もあまり強くありません。

▶アードウルフの頭蓋骨。歯がスカスカなのがわかります。

おもしろ食べもの編

クイズ62 キンカジューの大好物はなに?

中南米の森にすむアライグマのなかまのキンカジューは、木のぼりが上手。さて、そのキンカジューの好きな食べものはなんでしょう?

食肉目
キンカジュー
アライグマ科
🌏 中央アメリカ〜南アメリカ中部
📏 42〜76cm、(尾長)39〜57cm
⚖ 1.4〜4.5kg

1. 魚
2. キンカン
3. 花の蜜

答えは次のページへ ≫

クイズ62 答え ③ 花の蜜

キンカジューは花の蜜が大好物で、長い舌で花の奥にある蜜をなめとって食べます。ほかにもイチジクなどの果実をよく食べます。

甘いものが大好物だよ！

おもしろ食べもの編

クイズ63 ヘラジカが大好きな食べものは？

世界最大のシカのヘラジカは、さまざまな植物を食べますが、とくに好きなものがあります。それは次のうちのどれでしょう？

鯨偶蹄目
ヘラジカ シカ科

- ユーラシア北部、北アメリカ
- 240〜300cm、(尾長)12〜16cm
- 185〜210cm
- 280〜600kg
  (オスは770kg以上の記録もある)

1. 水草
2. 花のつぼみ
3. まつぼっくり

答えは次のページへ ≫

121

食べものの半分ちかくが水草なんだ

▶ヘラジカのオス。オスは大きな枝角をもっています。

クイズ63 答え ① 水草

ヘラジカは夏のあいだ、湖や沼に入って水草をよく食べます。水草には、体に必要なナトリウムがふくまれているからだと考えられています。

▲水草を食べるヘラジカのメス。

おもしろ食べもの編

クイズ64
果実が主食のチンパンジーの意外な食べものは?

1. 魚
2. 肉
3. わさび

クイズ65
ウサギが自分のふんを食べるのはなぜ?

1. 毒キノコを食べるため
2. 栄養になるため
3. かぜ予防のため

ウサギ目
アナウサギ
ウサギ科
🌐 ヨーロッパ(イベリア半島)
📏 38〜50cm、(尾長)4.5〜7.5cm
⚖ 1.5〜3kg

クイズ66
クマネズミがあまり好きではない食べものは?

1. チーズ
2. 卵
3. リンゴ

げっ歯目
クマネズミ ネズミ科
🌐 日本、世界中の大陸(南極をのぞく)
📏 11.6〜26cm、(尾長)12〜26cm
⚖ 85〜300g

答えは次のページへ ≫

クイズ64 答え ② 肉

サル目 チンパンジー
ヒト科
- 🌍 アフリカ西部～中部
- 📏 オス／77～96cm、メス／70～91cm
- ⚖️ オス／28～70kg、メス／20～50kg

チンパンジーは集団で狩りをして、ほかのサルやイノシシ、小型アンテロープのダイカーなどをおそって食べてしまいます。

クイズ65 答え ② 栄養になるため

ウサギは、硬便というまるいふんのほかに、盲腸便という房状のしめったふんをします。盲腸便には栄養がたくさんふくまれていて、それをまた食べることで体に取りこみます。

硬便

盲腸便

▲盲腸便を食べるカイウサギ。

クイズ66 答え ① チーズ

リンゴは大好物！

ネズミは、物語などではチーズをよく食べていますが、においがきつくてあまり好きではないといわれています。卵やリンゴは大好物です。

第6章
おどろきの行動編

クイズ 67 ワオキツネザルはなにをしている？

ワオキツネザルは、朝にこんなポーズをよくしています。さて、これはなにをしているのでしょう？

サル目
ワオキツネザル
キツネザル科

- マダガスカル島 南西部～南部
- 39～46cm、（尾長）56～63cm
- 2.2kg

気持ちのよい朝だね

あ〜おなかがすいてきたぞ！

クイズ67 答え ③ 日光浴をしている

ワオキツネザルは体温調節が苦手で、寒い朝にこのようなポーズで太陽の光を浴びます。日光の熱でじゅうぶん体があたたまったところで、活動をはじめます。

朝日が気持ちいいなあ！

おどろきの行動編

クイズ 68 キタオポッサムが敵に出会ったらどうする？

北・中央アメリカにすむ有袋類のキタオポッサムは、敵に出会ってびっくりすると、ある行動をとります。それは次のうちどれでしょう？

オポッサム目
キタオポッサム
オポッサム科

🌏 北アメリカ西部・東部〜中央アメリカ

📏 37〜50.1cm、(尾長)29.5〜47cm

⚖ 0.5〜5.9kg（オス／平均2.8kg、メス／平均1.9kg）

1. 後ろあしで立ち上がる
2. 死んだふり
3. 口から毒液を噴射

答えは次のページへ ≫

クイズ68 答え ② 死んだふり

キタオポッサムは、キツネやコヨーテなどの敵におそわれると、地面に横たわり、口を半開きにして肛門からくさい液体を出し、死んだふりをして身を守ります。

迫真の演技で呼吸や心拍数もへるんだ！

おどろきの行動編

クイズ 69 オオアリクイの親が子どもを守る方法は？

巨大なオオアリクイの親は、ちょっとユニークな方法で子どもを守ります。それはどんな方法でしょうか？

有毛目

オオアリクイ

アリクイ科

🌎 中央アメリカ～南アメリカ

📏 100～140cm、(尾長)60～90cm

⚖ 22～45kg

1. 背中におんぶする
2. しっぽにかくす
3. おなかの下にかくす

答えは次のページへ »

クイズ69 答え ① 背中におんぶする

オオアリクイの子どもは、母親の背中におんぶされるようにのっています。子どもの体の色が、親のもようにまぎれて、どこにいるかわかりにくくなります。

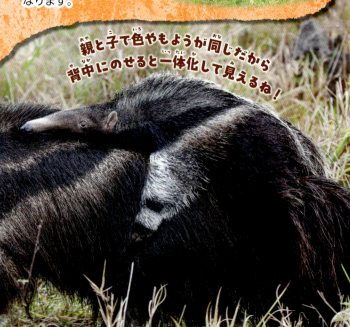

親と子で色やもようが同じだから背中にのせると一体化して見えるね！

おどろきの行動編

クイズ70 ナマケモノがねてばかりいるのはなぜ？

ナマケモノは一日のほとんどの時間をねてすごします。どうして、ねてばかりなのでしょうか？

有毛目
ノドジロミユビナマケモノ ミユビナマケモノ科
- 南アメリカ北部
- 45〜75.5㎝、(尾長)2.2〜11㎝
- 3.4〜6.5kg

1. めんどうくさがりだから
2. 体調が悪いから
3. 食べものに栄養がないから

答えは次のページへ ≫

そんなに動かないから
たくさん食べなくても平気なんだ

クイズ70答え

③ 食べものに栄養がないから

ナマケモノの食べものは木の葉で、栄養があまりありません。そこでじっと動かずにねることでエネルギーを節約し、主食が栄養の少ない木の葉でも生きていけるようになったのです。

おどろきの行動編

クイズ 71
トガリネズミのなかまの親子に見られるふしぎな行動は？

1. 行列
2. 組み体操
3. 胴上げ

真無盲腸目
シロハラジネズミ
トガリネズミ科
🌍 ヨーロッパ中部〜カスピ海周辺
📏 5.9〜7.2cm、（尾長）3.1〜4.1cm　⚖ 5.9〜11.1g

クイズ 72
逆さまにとまっているコウモリ。ふんやおしっこをするときは、どんな姿勢？

1. 逆さまのまま
2. 頭を上にしてぶら下がる
3. 飛びながら

コウモリ目 オオコウモリ科
ヤエヤマオオコウモリ
（クビワオオコウモリの亜種）
🌍 日本（八重山諸島）　📏 18.5〜23cm、
（尾長）4.5〜7.5cm　⚖ 318〜662g

答えは次のページへ ≫

クイズ71 答え

① 行列

シロハラジネズミは、移動するときに母親やきょうだいのおしりにかみつき、行列をつくって歩きます。なぜ、こういう行動をするのかは、よくわかっていません。

けっこう強くかみついているよ

クイズ72 答え

② 頭を上にしてぶら下がる

コウモリは、頭が下向きのままだと、ふんやおしっこが体にかかってしまうので、前あしでぶら下がるようにして体の向きを変え、おしりを下にしてはいせつします。

食事をしたあとによく見られるよ

おどろきの行動編

クイズ 73
トラが目を閉じ、歯をむきだしにして奇妙な顔をしている。なにをしている？

トラは、ときどき写真のような奇妙な顔をすることがあります。いったいどうしたのでしょうか？

食肉目
トラ ネコ科

- インド〜東南アジア、シベリア東部
- 146〜290㎝、(尾長)72〜109㎝
- 75〜325kg

1. おこっている
2. 笑っている
3. においをかいでいる

答えは次のページへ ≫

クイズ73 答え ③ においをかいでいる

「フレーメン反応」とよばれる、空気中のにおいをかぐ行動です。こうすることで、トラの上あごにあるにおいを感じる器官に、におい物質がとどき、よりにおいを確認しやすくなります。

フレーメン反応はトラだけでなく、いろいろな動物で見られるよ

アフリカスイギュウ

クロサイ

おどろきの行動編

クイズ74 トラのおしっこの方法は?

1. 片あしを上げる
2. 後ろに飛ばす
3. 後ろあしで立つ

食肉目
トラ ネコ科
- インド〜東南アジア、シベリア東部
- 146〜290㎝、(尾長)72〜109㎝
- 75〜325kg

クイズ75 リカオンが狩りに出発する前にすることは?

1. 遠ぼえ
2. くしゃみ
3. おしっこ

食肉目
リカオン イヌ科
- サハラ砂漠以南のアフリカ
- 84.5〜141㎝、(尾長)31〜42㎝
- 18〜34.5kg

答えは次のページへ

クイズ74 答え ② 後ろに飛ばす

かなりいきおいよく飛ばすぞ！

トラは、おしっこをスプレーのように後ろにはげしく飛ばします。木や岩にふきつけることによって、"においづけ"をし、なわばりをしめします。

◀名古屋市東山動植物園のスマトラトラ。

クイズ75 答え ② くしゃみ

リカオンが狩りに出る前には、群れのメンバーがくしゃみをします。くしゃみをした個体が多いと狩りに出発し、少ないと出かけないことがわかっています。

クシャン

クシャン

群れのみんなで決めているよ

おどろきの行動編

クイズ 76 ラッコはどこでねている?

1. 海の上
2. 海の中
3. 岩の上

食肉目
ラッコ イタチ科
🌏 日本(北海道)、北太平洋沿岸
📏 100〜120cm、(尾長)25〜37cm
⚖ 14〜45kg

クイズ 77 ゴマフアザラシは、なぜ後ろあしを持ち上げている?

1. 威かく
2. あいさつ
3. 体温調節

食肉目
ゴマフアザラシ アザラシ科
🌏 日本近海、北太平洋、北極海(チュクチ海)など
📏 151〜176cm　⚖ 65〜115kg

答えは次のページへ ≫

141

クイズ76 答え ① 海の上

ラッコは、ねるときも海面に浮いています。ときには体に海藻を巻きつけて、流されないようにすることもあります。

こうすれば安心！

クイズ77 答え ③ 体温調節

アザラシのひれのように進化した後ろあしには、皮下脂肪がなく、太い静脈が通っています。暑いときは後ろあしを開いて体の熱を逃がし、寒いときは閉じて熱がうばわれないように調節します。

暑いな〜

冷やせ冷やせ！

おどろきの行動編

クイズ 78 ズキンアザラシの オスの求愛方法は？

ズキンアザラシのオスは、求愛の時期になると、おどろきの方法でメスにアピールします。さて、それは次のうちどれでしょう？

食肉目
ズキンアザラシ
アザラシ科
- 北極海、北大西洋
- オス／250〜270cm、メス／200〜220cm
- オス／約300kg、メス／約200kg

1. 頭にずきんのような皮をかぶる
2. 鼻を風船のようにふくらませる
3. のどのふくろをふくらませる

答えは次のページへ ≫

ふくらますときに音も出るよ

▼鼻をふくらませ、求愛のディスプレイをする、オスのズキンアザラシ。

大きくふくらませたほうが勝ちだぞ！

クイズ78 答え ② 鼻を風船のようにふくらませる

ズキンアザラシのオスは成熟すると、鼻の粘膜に空気を入れて風船のようにふくらますことができます。この風船を見せることでメスに求愛したり、ほかのオスをおどしたりします。

おどろきの行動編

クイズ79 ニホンジカはいつも口をもぐもぐしているけれど、なぜ？

1. 舌で歯をみがいている
2. あごの運動
3. 食べたものをもう一度かんでいる

鯨偶蹄目
ニホンジカ シカ科
- 日本、中国、極東ロシア
- 110〜190cm、(尾長)10〜18cm
- 60〜115cm
- オス／30〜140kg、メス／20〜90kg

クイズ80 スプリングボックが警戒するときにとる行動は？

1. 地面にたおれる
2. ジャンプ
3. 後ろあしで立つ

鯨偶蹄目
スプリングボック ウシ科
- アフリカ南部
- オス／114.1cm、メス／112.2cm
- オス／75cm、メス／72cm
- オス／31.2kg、メス／26.5kg

答えは次のページへ ≫

クイズ79 答え ③ 食べたものをもう一度かんでいる

ニホンジカは、飲みこんだ食べものを口にもどして、ふたたびかみなおします。これを「反すう」といい、こうすることで消化しにくい植物をさらに細かくして、むだなく栄養にすることができます。

もぐもぐ、よくかむよ

偶蹄類の反すう

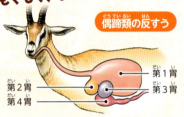

▲コロコロとしたシカのふん。水分がほとんどぬけて、食物繊維が主成分です。

第1胃／第2胃／第3胃／第4胃

▲食べたものは、口→第1胃→第2胃→口→第3胃→第4胃と移動しながら消化されていきます。

クイズ80 答え ② ジャンプ

スプリングボックはおどろくと、ピョーン、ピョーンとジャンプをくりかえします。はねあがる高さは、ときには2〜3mにもなり、群れのメンバーに危険を知らせます。

みんな、気をつけて！

おどろきの行動編

クイズ 81 カバが口を大きく開けるのはなぜ？

1. あくび
2. 威かく
3. うがい

鯨偶蹄目
カバ カバ科

- サハラ砂漠以南のアフリカ
- 295〜505cm、（尾長）40〜56cm
- 150〜165cm
- 1000〜4500kg

クイズ 82 ザトウクジラは海から頭を出してなにをしている？

1. 頭を冷やしている
2. 息をしている
3. 遠くを見ている

鯨偶蹄目
ザトウクジラ ナガスクジラ科

- 日本近海、世界中の海(地中海などをのぞく)
- 15〜17m
- 30〜34t

答えは次のページへ ≫

147

クイズ81 答え ② 威かく

カバの武器は大きな口です。オスは、大きく口を開けて牙を見せることで、ライバルのオスを威かくします。

口を大きく開けられるほうが強いんだ！

クイズ82 答え ③ 遠くを見ている

「スパイホップ」とよばれるクジラのなかまの行動で、頭を海面から垂直に出し、目で見て周囲のようすを確認していると考えられています。

なにか異常はないかな？

おどろきの行動編

クイズ83 ヤマツパイのおもしろい行動はどれ？

ボルネオ島の高い山にすむヤマツパイには、おどろくような行動が見つかっています。さて、それは次のうちどれでしょう？

ツパイ目
ヤマツパイ ツパイ科
- 東南アジア（ボルネオ島）
- 15～17.5cm、（尾長）12～15cm
- 110～150g

1. トイレでふんをする
2. 食べものをたくわえる
3. 子どもをふくろにしまう

答えは次のページへ »

① トイレでふんをする

食虫植物のウツボカズラのふくろ状の葉からは甘い蜜が出ます。ヤマツパイはその蜜をなめると、トイレのようにふくろの中にふんをします。そのふんはウツボカズラの養分となるのです。

ウツボカズラは甘い蜜でヤマツパイをさそっているんだ

おどろきの行動編

クイズ 84 スンダスローロリスはどうして動きがゆっくり？

1. 疲れやすいため
2. エネルギーを節約するため
3. 獲物をとるため

サル目
スンダスローロリス ロリス科
🌐 東南アジア（マレー半島、スマトラ島など）
📏 30〜34cm　⚖ 635〜850g

クイズ 85 写真のベローシファカはなにをしているところ？

1. うれしくてガッツポーズ
2. 敵を威かく
3. 地上を移動

サル目
ベローシファカ インドリ科
🌐 マダガスカル島南西部〜南部
📏 40〜48cm、（尾長）50〜60cm　⚖ 2.9kg

答えは次のページへ ≫

クイズ84 答え ③ 獲物をとるため

スンダスローロリスは、獲物である昆虫が枝をつたう振動で逃げないように、そーっとゆっくり動いて近づきます。

ほら、つかまえた！

急ぐときは速く動けるんだよ

クイズ85 答え ③ 地上を移動

シファカのなかまはどれも、木が生えていない開けた場所を移動するときは、横向きにジャンプして進みます。

地上はあまり得意じゃないんだ

おどろきの行動編

クイズ86
スラウェシメガネザルが獲物をとる瞬間に見せる、おもしろい行動は？

1. 大きな声で鳴く
2. 目をつぶる
3. しっぽをまわす

サル目
スラウェシメガネザル
メガネザル科
- インドネシア（スラウェシ島）
- 12〜14㎝、（尾長）23〜26㎝
- 98〜103g

クイズ87
ミナミブタオザルはどんなことで人間の役に立っている？

1. ヤシの実をとる
2. 鳥の卵をとる
3. 高いところへものを運ぶ

クイズ88
テナガザルのなかまが朝いちばんにすることは？

1. 歯みがき
2. 日光浴
3. 歌をうたう

サル目
フクロテナガザル テナガザル科
- 東南アジア（マレー半島、スマトラ島）
- 75〜90㎝
- 9.1〜12.7kg

答えは次のページへ >>>

クイズ86 答え ② 目をつぶる

スラウェシメガネザルは、まっ暗やみでもよく見えるように目がとても大きくなっていて、獲物をとらえる瞬間は眼球を傷つけないように目をつぶります。

クイズ87 答え ① ヤシの実をとる

タイなどの東南アジアの国では、木にのぼってヤシの実をとってくるように訓練したミナミブタオザルを利用しているところがあります。

サル目
ミナミブタオザル オナガザル科

🌏 東南アジア 📏 43.4〜73.8㎝、(尾長)13〜25㎝
⚖ オス／10〜13.6㎏、メス／5.4〜7.6㎏

クイズ88 答え ③ 歌をうたう

テナガザルは朝、なわばりを主張したり、なかまとのコミュニケーションをとるために、歌をうたうようにものすごく大きな声を出します。複雑にいろいろな声を出し、その声は数キロメートルはなれた場所でもよく聞こえます。

クイズ89 雨がふるとオランウータンはどうする?

とても知能が発達しているオランウータンですが、雨がふるとおどろきの行動をとります。それは次のうちどれでしょう?

サル目

ボルネオオランウータン
ヒト科
- 東南アジア(ボルネオ島)
- オス/96～97cm、メス/72～85cm
- オス/30～85kg(最大100kg以上)、メス/30～45kg

1. 傘をつくる
2. 体をあらう
3. 葉っぱに水をためる

答えは次のページへ≫

クイズ89答え ① 傘をつくる

オランウータンは雨がふると、木の葉を重ねて頭にのせ、まるで傘のように使うすがたが観察されています。

葉についた水を飲むこともあるよ

おどろきの行動編

クイズ90 木のあなにたまった水を飲むときにチンパンジーはどうする？

小さな木のあなにたまった水は、直接口をつけて飲むことができません。そんなときはどうするのでしょうか？

のどが
かわいたな〜

サル目
チンパンジー
ヒト科

- アフリカ西部〜中部
- オス／77〜96㎝、メス／70〜91㎝
- オス／28〜70kg、メス／20〜50kg

1. 草のくきをストローにする
2. 葉っぱをたたんで水をすいこませる
3. しっぽに水をすわせる

答えは次のページへ

クイズ90 答え ② 葉っぱをたたんで水をすいこませる

チンパンジーは、口の中に葉を入れて折りたたみ、それを木のあなの中に入れ、スポンジのようにすいこませて水を飲むすがたが観察されています。

道具を使うなんて、頭がいいね！

▲チンパンジーが水をすいこませるために折りたたんだ葉。

おどろきの行動編

クイズ 91 この2頭のユキウサギはなにをしている？

2頭のユキウサギが、向かいあってパンチをしているようですが、なにをやっているのでしょうか？

ウサギ目
ユキウサギ ウサギ科
- 日本(北海道)、ユーラシア北部～中部
- 51～55cm、(尾長)5.9～6.5cm
- 2.4～3.4kg

1. オスどうしが戦っている
2. メスがオスをいやがっている
3. メスどうしが戦っている

答えは次のページへ≫

◀両者一歩もゆずらない、大迫力のとっくみあい。

メスがオスの強さを試しているという説もあるんだ

イヤって言ってるでしょ！

ごめん……

クイズ91 答え

② メスがオスをいやがっている

ユキウサギは、繁殖期になるとオスはメスと交尾をしようとしますが、メスの準備がととのっていないと、メスはオスにパンチをして、いやがります。

おどろきの行動編

クイズ92 ひとつの巣あなに**タイリクモモンガ**が何頭もいるのはなぜ？

1. みんなで子育てするから
2. 寒いから
3. きょうだいだから

げっ歯目 タイリクモモンガ リス科
- 日本(北海道)、ユーラシア
- 12〜22.8cm、(尾長)9〜14.9cm
- 95〜200g

クイズ93 ビーバーの尾の意外な使い方は？

1. 暑いときにあおぐ
2. 泥をすくう
3. 敵をおどろかす

げっ歯目 アメリカビーバー ビーバー科
- 北アメリカ
- 80〜90cm、(尾長)20〜30cm
- 15〜20kg(まれに30〜40kg)

答えは次のページへ ≫

クイズ92 答え ② 寒いから

タイリクモモンガは冬でも冬眠しません。寒さがきびしいときは、数頭がひとつの巣あなに入り、あたたかくしてすごします。集まるのは親やきょうだいだけとはかぎりません。

みんなといればあたたかいよ

クイズ93 答え ③ 敵をおどろかす

ビーバーは、危険を察知すると、尾をはげしく水面にたたきつけて大きな音を出します。そうすることで敵を音でおどろかせ、なかまにも敵がきたことを知らせているのです。

尾は泳ぐときに方向転換するためのかじの役目もするよ

第7章

動物マニア編

クイズ 94

ハダカデバネズミの群れで、じっさいにいる係は?

1. お花係
2. ふとん係
3. お楽しみ係

ハダカデバネズミの巣は地中にはりめぐらされたトンネル!

動物マニア編

地中のトンネルに集団でくらすハダカデバネズミには、役割分担があります。じっさいにいる係はどれでしょう？

げっ歯目
ハダカデバネズミ
ハダカデバネズミ科

- アフリカ東部
- 7～11㎝、(尾長) 3～5㎝
- 15～70g

答えは次のページへ ≫

つみ重なってモゾモゾ動きながら子どもたちを保温するんだ！

▶ハダカデバネズミは階層ごとに分業し、協力してくらしている"真社会性"ほ乳類です。ワーカーのなかでも、ふとん係、あなほり係、そうじ係、食料係など、さらに役割が分かれています。

クイズ94答え ② ふとん係

子どもをあたためるだけのふとん係がいます。ハダカデバネズミには社会性があり、女王や王、兵隊など、それぞれが役割分担をしてくらしています。

動物マニア編

クイズ 95 ジュゴンがモデルといわれる伝説は？

1. ケンタウロス
2. 人魚
3. 浦島太郎

海牛目
ジュゴン ジュゴン科
- 日本(南西諸島周辺)、インド洋・太平洋南西部の沿岸
- (全長) 2〜3.3m
- 570kg以上

クイズ 96 ソレノドンの名前の由来は？

1. みぞのある歯
2. へんてこな鼻
3. 恐竜の生きのこり

真無盲腸目
ハイチソレノドン ソレノドン科
- イスパニョーラ島
- 27〜49cm
- (尾長) 20〜25cm
- 620〜1166g

答えは次のページへ >>>

167

クイズ95 答え ② 人魚

ジュゴンが人魚のモデルとされる説があります。母親が赤ちゃんに乳をあたえるすがたが人間のように見えるからといわれますが、ほんとうのところはよくわかっていません。

▲親子で泳ぐジュゴン。

クイズ96 答え ① みぞのある歯

ソレノドンとは、ラテン語で「みぞのある歯」という意味です。ほ乳類ではめずらしく、だ液に毒があり、歯にあるみぞをつたって流れます。

かみついた獲物にだ液とともに毒液を注入！

下あごの切歯の裏側には、みぞがあります。

動物マニア編

クイズ 97
メキシコオヒキコウモリは、あることの世界チャンピオン。それは？

1. 最高飛行速度
2. 子どもを産む数
3. 群れの頭数

コウモリ目
メキシコオヒキコウモリ オヒキコウモリ科
- 北アメリカ～南アメリカ
- 4.6～6.2cm、(尾長)2.8～4.2cm
- 8～15g

クイズ 98
クロヒョウってどんな動物？

1. 黒い色の"ヒョウ"
2. "クロヒョウ"という種
3. 日焼けした"ヒョウ"

答えは次のページへ ≫

169

クイズ 97 答え ③ 群れの頭数

アメリカ・テキサス州のブラッケン洞窟には、毎年春になると最大2000万頭にもなるメキシコオヒキコウモリがすみつきます。これは鳥や魚をふくめた、せきつい動物のなかで世界最大の群れとして知られています。

▲夕方、洞窟から出てくるおびただしい数のコウモリ。

クイズ 98 答え ① 黒い色の"ヒョウ"

黒い色素が多い突然変異の個体をクロヒョウとよびますが、種としてはヒョウと同じです。東南アジアの気温が高い地域で比較的よく見られます。

体の色はちがうけれど同じ種だよ！

よく見ると斑点もようがあるよ

食肉目
ヒョウ ネコ科

- アフリカ、アジア、極東ロシア
- 92～190㎝、(尾長)64～99㎝
- 21～71kg

動物マニア編

クイズ99 ハイイロギツネの別名は？

1. サカダチギツネ
2. キノボリギツネ
3. アナホリギツネ

食肉目
ハイイロギツネ
イヌ科
🌐 北アメリカ中部〜南アメリカ北部
📏 54〜66cm、(尾長)28〜44.3cm ⚖ 2〜5.5kg

クイズ100 日本でヒグマがすんでいる地域はどこ？

1. 北海道
2. 本州
3. 九州

答えは次のページへ ▶▶

クイズ99 答え ② キノボリギツネ

ハイイロギツネは、あしのつめが発達していて木のぼりが得意です。危険がせまったときや果実を食べる目的で木にのぼります。

クイズ100 答え ① 北海道

ヒグマは、日本では北海道だけで見られます。かつては本州にも分布していましたが、現在は絶滅しています。

ヒグマの亜種、エゾヒグマは日本で最大の陸生動物!

 食肉目 ヒグマ クマ科

🌏 日本(北海道)、ユーラシア北部、北アメリカ北部など
📏 150〜280㎝、(尾長) 6〜21㎝
⚖ オス/130〜550kg(最大725kg)、メス/80〜250kg(最大340kg)

動物マニア編

クイズ101 キリンのふんの形は？

鯨偶蹄目 キリン キリン科
- サハラ砂漠以南のアフリカ
- 3.5～4.8m、(尾長)0.8～1.1m、(頭頂部までの高さ)4.5～6m
- オス／1800～1930kg、メス／450～1180kg

1. まる
2. 四角
3. 三角

クイズ102 ニルガイという種名はどんな意味？

1. 青いウシ
2. 頭の小さなウシ
3. 目が貝がらに似たウシ

鯨偶蹄目 ニルガイ ウシ科
- 南アジア
- 170～210cm、(尾長)45～53cm
- 120～140cm
- オス／200～288kg、メス／120～212kg

クイズ103 ゴールデンライオンタマリンは世界に何頭くらいいる？

1. 750頭
2. 1400頭
3. 2万頭

サル目
ゴールデンライオンタマリン オマキザル科
- ブラジル南東部
- 26～33cm、(尾長)32～40cm
- 710～795g

答えは次のページへ ≫

クイズ101 答え ① まる

びっくりするくらい小さなふん！

キリンは、とても大きな体ですが、とても小さなまるいふんをします。キリンは反すう（→146ページ）によって植物を効率よく消化することができ、水分もほとんど吸収してしまうので、このようなふんになるのです。

クイズ102 答え ① 青いウシ

ニルガイは、インドの草原や森林にすむ大きなウシで、体の色が青っぽく見えることから、現地の言葉で青いウシという名前がつけられています。

▲オスのニルガイ。

クイズ103 答え ② 1400頭

ゴールデンライオンタマリンは、2015年の調査では大人の個体数が1400頭と報告されています。しかし、すみかである熱帯雨林がどんどん減少していて、現在はもっと少ないかもしれません。

▲ゴールデンライオンタマリンは、1980年代中ごろから動物園などで育てた個体を、野生の生息地へもどして、個体数を回復させる取り組みがされています。

動物マニア編

クイズ104
マーモセットのなかまが一度に産む子どもの数は?

1. 1頭
2. 2頭
3. 10頭

サル目
シルバーマーモセット オマキザル科
- ブラジル北東部(アマゾン川下流域)
- 20〜22㎝、(尾長)26〜33㎝
- 349〜406g

クイズ105
マンドリルの学名の由来になったのはどれ?

1. ピラミッド
2. モアイ
3. スフィンクス

サル目
マンドリル オナガザル科
- アフリカ中西部
- 55〜110㎝、(尾長)5〜10㎝
- オス/18〜33kg、メス/11〜13kg

答えは次のページへ >>>

クイズ104 答え ② 2頭

家族はなかよし

マーモセットやタマリンのなかまは、たいてい双子を産みます。ほ乳類ではめずらしく父親も子育てをし、人間と同じように家族でくらしています。

クイズ105 答え ③ スフィンクス

マンドリルの学名は「*Mandrillus sphinx*」といい、エジプトやギリシャなどの神話の想像上の生きものであるスフィンクスにちなんでつけられています。

顔が似ている？
歩くすがたが似ている!?

動物マニア編

クイズ 106
ゴリラのリーダーのオスのよび名は次のうちのどれ？

1. オールバック
2. ハンドバッグ
3. シルバーバック

サル目

ヒガシゴリラ ヒト科

- アフリカ中央部
- オス／101〜120㎝、（立位身長）159〜196㎝、メス／（立位身長）130〜150㎝
- オス／120〜209kg、メス／60〜98kg

クイズ 107
日本で飼育されているゴリラの種類は？

1. ニシゴリラ
2. ヒガシゴリラ
3. ミナミゴリラ

答えは次のページへ

クイズ106 答え ③ シルバーバック

ゴリラのリーダー格のオスは、背中（バック）に白っぽい毛が生え、銀色（シルバー）に見えるので、シルバーバックとよばれています。

大きくてたよりになるんだ！

クイズ107 答え ① ニシゴリラ

日本で飼育されているゴリラは、すべてがアフリカ中西部に分布するニシゴリラです。頭部が赤茶色なのが特ちょうです。ちなみに、ゴリラはヒガシゴリラとニシゴリラの2種に分類されています。さらにヒガシゴリラは、ヒガシローランドゴリラとマウンテンゴリラの2亜種に、ニシゴリラはニシローランドゴリラとクロスリバーゴリラの2亜種に分類されており、それぞれ分布地域がちがいます。

動物園で確認してみよう

サル目 ニシゴリラ ヒト科
- アフリカ中西部
- オス／103〜107㎝、（立位身長）138〜180㎝、メス／（立位身長）109〜152㎝
- オス／145〜191kg、メス／57〜73kg

動物マニア編

クイズ 108 オグロプレーリードッグは、なぜドッグという名前がついている？

オグロプレーリードッグはイヌには似ていません。
では、どうしてドッグ（イヌ）というのでしょうか？

げっ歯目
オグロプレーリードッグ
リス科
- 北アメリカ中央部
- 37.3㎝、(尾長)8.4～8.7㎝
- 819～905g

1. **イヌのような声で鳴くから**
2. **イヌとなかよしだから**
3. **イヌのようにお手が上手だから**

答えは次のページへ ≫

179

① イヌのような声で鳴くから

オグロプレーリードッグは、見はり役が警戒すると、「キャン」と聞こえる、するどい声で鳴きます。その声がイヌに似ていることから、この名前がつけられました。

鳴いて危険を知らせるよ！

動物マニア編

クイズ 109 台湾にすむクリハラリスが、どうして日本にいる？

1. 海を泳いできた
2. 鳥につかまって飛んできた
3. 人間がはなした

げっ歯目 クリハラリス リス科
- アジア
- 20.9〜22.7㎝、(尾長)17.6〜21.6㎝
- 286〜375g

クイズ 110 マゼランツコツコの"ツコツコ"は、なににちなんで名づけられた？

げっ歯目

マゼランツコツコ
ツコツコ科
- 南アメリカ南部(パタゴニア)
- (全長)26.7〜30.4㎝
- 240g

1. ネズミという意味の現地の言葉
2. 鳴き声
3. ツンツンしている毛

答えは次のページへ ≫

クイズ109 答え ③ 人間がはなした

ペットとして輸入されたクリハラリスが人間によってはなされ、野生化したと考えられています。また、動物園から逃げ出したものもいます。

▶日本の固有種への影響や森林、農作物への被害が出ており、クリハラリスは特定外来生物に指定されています。

クイズ110 答え ② 鳴き声

鳴き声が「ツコツコ」と聞こえることから、この名前がつけられました。ツコツコ科の動物は、ヤマアラシのなかまで、南アメリカに約60種もいる大きなグループです。

ツコツコツコ

ツコツコツコ

[監修]
本郷 峻
総合地球環境学研究所 准教授
京都大学白眉センター／アジア・アフリカ地域研究研究科 特定講師

[執筆]
柴田佳秀

[写真・画像提供]
アフロ、アマナイメージズ、Adobe Stock、
iStock、PIXTA、123RF、柴田佳秀、横塚眞己人、
麻布大学いのちの博物館・高槻成紀（いのちの博物館名誉学芸員）、
国立科学博物館、名古屋市東山動植物園、
日立市かみね動物園、広島市安佐動物公園

[イラスト]
橋爪義弘：カバー
きのしたちひろ、上村一樹、川崎悟司、小堀文彦、玉城 聡

[装丁・大扉デザイン]
城所 潤＋関口新平（ジュン・キドコロ・デザイン）

[本文デザイン]
野本芽百利、土井翔史、天野広和（ダイアートプランニング）

\ おまけクイズ！/

カバーの動物たち、全部わかるかな？

答え
❶オオカリフォルニアアシカ
❷シャチ
❸コアラ
❹ニホンザル（ニホンザル）
❺キリン（アミメキリン）
❻パンダ（ジャイアントパンダ）
❼アフリカゾウ
❽ヒョウ

講談社の動く図鑑MOVE
動物 超クイズ図鑑

2025年2月12日　第1刷発行

監　修	本郷　峻
発行者	安永尚人
発行所	株式会社講談社
	〒112-8001　東京都文京区音羽2-12-21
	電話　編集　03-5395-3542
	販売　03-5395-3625
	業務　03-5395-3615

印　刷	共同印刷株式会社
製　本	大口製本印刷株式会社

©KODANSHA 2025 Printed in Japan
ISBN978-4-06-538373-5
N.D.C.489　183p　15cm

落丁本・乱丁本は購入書店名を明記のうえ、小社業務あてにお送りください。送料小社負担にておとりかえいたします。なお、この本についてのお問い合わせは、MOVE編集あてにお願いいたします。定価は、カバーに表示してあります。本書のコピー、スキャン、デジタル化等の無断複製は著作権法上での例外を除き禁じられています。本書を代行業者等の第三者に依頼してスキャンやデジタル化することはたとえ個人や家庭内の利用でも著作権法違反です。予想外の事故(紙の端で手や指を傷つける等)防止のため、保護者の方は書籍の取り扱いにご注意ください。